第一次就"成功"的
麵食料理書

新手就從這本開始

麵食教母靜格格手把手親自示範50道料理，
照著做就能立刻上手，變化出多種美味麵食與甜點

目錄 CONTENTS

Chapter 1
我是來自北京的靜格格！

Chapter 2
麵食料理的知識殿堂

Chapter 3
麵食料理，上桌啦！

🔘 十大麵團製作

🔘 中式甜點內餡

喜愛、熱愛、摯愛！
充滿了愛的美食，
是人生中最質樸的情感！

　　我常常說「慢工出細活」，美食需要等待，真正有溫度的美食是用愛烹調出來的。每次當我在一天的辛勞後，看到同學們個個吃得面色紅潤，不亦樂乎的時候，是我心裡最慰藉的時刻！

　　在我的教學路上，我喜歡把麵食、料理、甜點結合在一起，分享給我喜愛的同學們。同學們通常很會做麵包、甜點，但是卻常常被中式的包子、饅頭等麵食系列所困惑，這是我在教學以來實務上經常感受到的現象，因此，撰寫一本能讓大家輕鬆學會中式麵點書的想法，便就此萌芽。

　　還記得小時候特別愛吃媽媽做的炸醬麵，濃濃的炸醬配上媽媽親手擀製的手工麵條、搭配上五顏六色的菜碼，每一口都是 Q 軟適中，彈牙可口；而在家裡附近的包子店，用新鮮豬肉和大蔥調成內餡配上老師傅現製的麵皮，宣軟的口感和濃濃的香氣，讓住得好遠的爺爺奶奶都願意大老遠前來排隊購買。還有在二外念書時的學生食堂，那兒的羊肉餡兒餃子，是我每個禮拜都要吃一次的校園美食。幾十年後的今天，我依然非常懷念小時候吃到的各種道地麵食。然而，在高科技盛行的發展下，這樣帶有人情味的純手工麵食已經不容易找到了。在教學的生涯中，我發現其實有很多同學也都有一樣的想法，很懷念小

時候的各種手工麵點。白白的麵團經由師傅的巧手一揉,便變成了大家至今仍懷念不已的道地中式麵食。然而,正如我所說的,現在大量的機械化製造已經讓這樣有溫度的手工麵食漸漸變少了⋯⋯

而這本食譜書的誕生,就是為了能夠滿足大家的一個願望,讓小時候的味道重現,讓大家能輕鬆在家就做出充滿熱度的一份麵點。例如,食譜裡的撥漁兒大家定要試做一下非常有趣喔!

請大家在翻開這本書閱讀前,靜靜地思考一下屬於您的中式麵點是甚麼味道?您熟悉的水餃是甚麼口感?而您喜愛的包子又是甚麼口味?書中的講解是我經過長時間的累積精心編制給大家的。然而,要想做出一道真正屬於自己的麵食,便需大家用心以對,把做麵食這樣一件快樂的事情當作人生的一大享受,融入到生活中的每一天!

這本書的出版,除了感謝各位讀者與同學們對我一直以來的支持,更要感謝我愛學田生活市集的昭儀姐的推薦,及時報文化編輯部的總編輯湘琦、副總編輯增娣及苹儒和孟蓉在編製上的大力協助,以及義大利高級廚具品牌 Best 台灣區總代理沛涔 Mickey 的熱情相助,希望這本書不僅能讓大家認識到天然食材與美味麵食的完美撞擊,更能為大家在生活中增添一些別具風味的快樂。

真正的料理就是~洋溢與愛!

Chapter

1

我是來自北京的
靜格格！

京韻大鼓、梨花兒頌⋯
無限的暢想、無限的回憶~

始於胡同的料理夢

「今兒個，吃了麼您呐！」這是每個生活在紫禁城腳下的大爺大媽耳中，再平凡不過的一句話；這是每朝每夕伴隨著古老前門大街上噹噹車的響鈴聲，在胡同中迴旋於耳的一句話；這更是象徵著歷經五千年的千錘百鍊，而孕育出的中華文化之精隨的一句話。

中華料理經過幾千年的歷史演變，由歷代的宮廷菜到民間各地方菜系，都有其高超的烹飪技藝和豐富的文化內涵，最後演變成了現今的四大菜系到十大甚至五十大菜系之說。

「教我如何不想她」是著名的文學大師劉半農老先生寫的一首經典之作，這個「她」對我來說，是我追尋料理之路一切的點滴心頭……

大家好，我是格格老師，是這本書的作者，也是一位喜愛和鑽研美食文化的料理家，更是一位出生於中國北京的道地北京人。希望能夠藉著這本書，帶您置身於北京的老茶館，品著茶、聽著戲，嚐遍中國各地美食。

一顆餃子的啟發

　　1979 年的春節，北京正經歷著一個十年未見的寒冬，零下的氣溫把什剎海的湖面凍成了冰，鵝毛般的雪花把我們住的大院兒染成了雪白世界，那年，我還是個年僅 11 歲不懂事的孩子。在吃完年夜飯後，我和鄰居家的孩子們一同穿著新衣、打著紙燈籠到街上遊街去了，那時候的除夕夜，是非常非常熱鬧的，我們幾個小女孩每人提著一只燈籠，小男孩們手裡則拿著小鞭炮，在紅燈籠微弱亮光的照映下，鞭炮劈哩啪啦的映襯下，我們拱手作揖，向街坊鄰居拜年，祝賀新春快樂。

　　天色漸晚，我們一一回到了院子裡玩，這時，我隱隱約約聽到有人在喊：「靜！小靜！吃飯啦～」這是我熟悉的聲音，是剛從廚房裡端出一盤又一盤熱騰騰餃子的媽媽。

　　餃子，形似中國古代的元寶，有著祝福來年豐衣足食，連年富足之意。因此，在中國北方，各種餡料的餃子是農曆春節餐桌上或不可少的佳餚。年夜飯上要吃餃子，時近午夜，也要吃餃子。

　　11 歲的我和家人們一同圍在家裡的圓木桌，吃起了年夜飯。那年，那顆包有硬幣的餃子終於被我吃到了！在大人們眼中，這樣一顆餃子象徵著接下來一年會是一切順利、富饒有餘的一年。而對年幼的我來說，這不僅是一份簡簡單單買一串冰糖葫蘆的喜悅，更是我對中華料理研究的萌芽之處。

「咦…? 為什麼一個生長在北京的人，可以帶大家嘗遍中國各地美食呢？」、「老師您怎麼各地的美食都會做呢？」這是我在料理課堂上經常被問到的一個問題。其實，這個起源要追溯到我母親的手藝，媽媽是正藍旗，在比較富裕的家庭裡生活長大的她，對美食的見解和眼界非常廣闊，而在我的成長過程中也深深地影響了我對美食的追求。

俗話說得好，善食材者，才能拿到一把開門的鑰匙；善烹調者，方能滿室生輝。幾朵木耳、一搓黃花兒、幾片肉片、一顆雞蛋，在我母親的巧手中，就能神奇似的變成一盤美味極了的木須炒肉。一些肉丁、一些老北京麵醬和一些五顏六色的菜碼，就變成了一碗香噴誘人的炸醬麵。在這種美食氛圍成長的我，怎能不對料理產生濃厚的興趣呢？

17歲那年還在求學中，對料理有著極大熱忱的我因緣際會拜師於麵點師王師傅，老先生同時也是個日文翻譯，博學多識，更開啟了我一直到現在的料理之路。從白案到紅案，再到各地學習相關的知識。那個年代要學習料理烘焙的技術可沒有現今這麼容易，沒有人會手把手的連食譜、配方都寫好給你，但也多虧多年的磨練，造就了我對料理的靈活和廣大的思維，以及深深的根基。

山東、四川之行：尋找鮮與辣

　　齊魯大地～山東，是魯菜的發源地，魯菜是中華四大菜系之首，同時也是宴會菜。當我還是在將近二十歲的時候，因為我的父親身居政府官職，常常會有海內外來賓互相宴請的場合，而我就有了機會能夠不時地參加一些這樣的聚會，進而品嘗和見識到更加廣闊的各地美食，這也更大大地增加了我對料理的興趣。

　　還記得，第一次和爸爸到北京八大樓之一也是魯菜第一掌門，位於前門珠市口大街的豐澤園飯莊吃飯時，一道蔥燒海參，那個味道讓我到今日仍記憶猶新。從發泡海參到幾段京白大蔥，經過巧手稍許的調味，那優雅濃郁的味道，就能把魯菜之精髓完美的呈現出來。一道糟香桂花兒魚，鮮嫩的鱖魚肉片，加上一搓桂花，再來一碗糟汁，那個鮮嫩幼滑的口感呀，就能讓您不枉此生啊！

　　而後來因為爸爸在豐澤園任職的廚師朋友教導下，又開啟了我學習紅案的漫長之路。白案講的是麵食，而紅案講的是料理烹調。

　　魯菜注重清、香、鮮、嫩、純，湯口是第一，故有「眾鮮都在一口湯」之說， 這也是我常在教學的時候向同學們非常強調的一件事。清，指的是色澤清雅；香，指的是氣味香濃誘人；鮮，指的是河鮮海鮮；嫩，指的是口感軟嫩可口；而純，指的則是用料考究。在掌握了這些味道特點之後，烹調技法的學習便成為了下一個課題。

　　魯菜重視爆、炒、炸、燒、扒、溜、蒸。爆，講究油溫高、火候大、翻炒動作快，例如爆炒腰花這道傳說，經常被用在清朝美食比賽的名菜，其所要求的技法就是爆。而有別於爆，另一個常被運用的工法是炒，分別為滑炒、生炒、熟炒等等，然而這些各種的炒法都有一個共通點，就是油量相對都偏少。

　　為了研究川菜和花椒、辣椒等食材，我更是多次到四川拜師學藝。天府之國四川是個物產豐富、東西差異大、地貌複雜多樣、氣候宜人的地方，歷來有「天下山水在於蜀」之說。由於這些眾多的特點造就了很多長壽之鄉，也造就了眾多的美食並進入了中華四大菜系之一。

　　「川菜是百姓菜」猶記得我在成都附近景美清幽、雲霧繚繞的青城山上，為了找尋一鍋四川有名的銀杏雞湯的根源，拜訪近兩千年的「白果大仙樹」，站在樹下想像著這酷似仙丹的銀杏果配上農家野放土雞，以細緻溫柔的小火讓雞肉的鮮美慢慢滲進湯汁與白果相戶交融，那舒爽鮮美的味道誘惑著、撫慰著眾人之心，更是一道滋補養生的人間佳餚。

　　而出乎其外的在追尋這鍋仙湯的同時，又在半山腰上吃到了一碗熱呼呼的令我至今難忘的擔擔面。擔擔面起源於成都和自貢兩地，就是挑著扁擔一頭是火一頭是食材，在路邊叫賣的小吃，那乾脆的肉燥配上鮮香的芽米菜，再搭上誘人的芝麻醬等…真是令人魂牽夢繞啊…

　　離開美麗的青城山，我來到了雄偉的都江堰，在這個與青城山共同被列為世界文化遺產的地方，我品嘗到了一個挑著扁擔小農所賣的麻辣豆花。在中國南甜北鹹、東辣西酸，在台灣豆花都是甜的，可是到了四川，用鹽滷做的豆花，再加上鮮香麻辣的醬汁，卻別有一番風

味，一直到現在都讓我記憶猶新，我也不斷地在研究這個味道，真心希望能把像麻辣豆花這樣錯綜複雜的味道推向世界，讓中華料理更加發揚光大，讓更多人能夠更進一步的了解他們所不知道的中華料理精隨與精神。

像這樣記憶中的味道，不只有這些，離開了成都地區，我輾轉來到了山城重慶。還記得剛一下火車，在路邊小攤販那買的糖醋小排骨，那外酥內軟酸甜適中的口感，以一些冰糖，一些香醋，幾滴番茄醬，就能成就這樣一款永不退流行的味道，實在令人感嘆中華料理之精深。

重慶的街道都是階梯形的，我從遠處望著這些上上下下背著竹簍的人們，突然，一陣濃濃的香氣從不遠處飄來，好奇的我循著這股味道一路向上走，最後，發現原來這股誘人的氣味是來自一家賣重慶麻辣燙的店家。

頭髮花白的阿婆賣力的來回攪拌那鍋濃郁的麻辣湯頭，濃濃的熱氣夾雜著麻辣湯底的香氣，向在阿婆攤子前等待美味的食客們飄去，聞香而來的我，必當也不能錯過這一難得的機會囉！

麻辣燙這捲縮在街頭巷尾的美食，卻藏著消解煩惱的秘密～就像我常和同學說：當你情緒低落有煩惱的時候，就去多吃一些具有療癒效果的食物，比如說麻辣燙，這種富含多種辛香料的食物，會讓人的大腦釋放快樂芬多精，而麻辣燙本身是由古時拉船的縴夫們所創造的，在過去，縴夫自然是一道少不了的風景，他們在江邊工作之間，會撿幾塊石頭，架起一口鍋，升起一把火，然後在鍋裡放一些花椒、辣椒等一些簡單的調味，用江裡打上來的魚，和路上的店家交換一些肉和蔬菜，在滾燙的鍋裡涮一涮，既可飽腹又可取暖。

　　而這位阿婆所烹製的麻辣燙，不僅香氣誘人，吃起來更是令人回味無窮。二十幾歲的我為了解惑這個令人精神亢奮的麻辣醬料靈魂之一～花椒，我三次來到了花椒產地漢源·四季分明的漢源，在得天獨厚的氣候孕育下，以其獨特的香氣和上等的品質，不管是貢椒、南椒、大紅袍，都令人心曠神怡，在料理上隨意撒上一些都香氣襲人，這也是我在料理上對食材無法妥協的原因之一，對學習料理，不僅是他的技法，更重要是對食材的理解，這樣，才能完整詮釋出食物的靈魂。

江南之旅：大地上的美味文化

　　古有乾隆下江南，如今格格也循著乾隆皇的腳步，來到了煙雨朦朧的江南大地。還記得在北京二外讀書時，在一次寒假，受宿舍室友也是好朋友之邀請，來到了金陵南京。在那裡聽著南京白局和江南小調的說唱，他講述的都是江南美景和秦淮美食以及南京人的生活面面，在這裡不僅開啟了我的新視野，也同時展開了我的江南美食學習之旅。

　　過去的大城市裡，父母是不會讓一個女孩子到餐廳去做廚師的，一定是走上念書的路，但由於我對麵點、料理的喜好與執著，我的父親也一路在刻意地栽培我，在這次的金陵之旅，我發現南京人最離不開的是這碗小餛飩。秦淮八絕除了雞汁干絲、蟹黃灌湯包等，其中一絕就是這碗療癒人心的小餛飩。用一支筷子沾著少許的肉餡放在薄薄的麵皮上一捲，在濃厚的雞高湯裡些微一煮，配上一些榨菜絲、一點蛋皮，就成了一碗濃濃嫩口的小餛飩，別小看這碗餛飩，它可是帶給了南京人無限對家的思念和濃濃的人情味啊！

　　揚州是淮揚菜系的發源地，而淮揚菜也是文人菜。在拜訪完我的同學，我順道到了離南京不遠的揚州和鎮江，參觀了鎮江馳名中外的鎮江香醋廠。南方小城鎮江，到底有甚麼味道吸引著我呢？自古南米北麵，可是在鎮江，卻有著無數的小麵館，其中以鍋蓋麵聞名於世。鍋蓋麵是以手工製作的麵條，放在大鍋裡煮，並在沸騰處蓋上一個小蓋子，壓住沸騰點使其不會外溢，因此取其名為鍋蓋麵。簡單地搭配上豬油、醬油、小蔥花兒，就是一碗溫暖貼近人心的麵條兒了。

　　為了學習和追尋美食的足跡，我走訪了大大小小五十多座城市，這次離開鎮江後來到了極上美食城市揚州。要想富，先修路，自古從京杭大運河的開通，到鹽商的興盛，揚州匯集了很多文人和商人，他們的到來也推動了當地的飲食文化，使當地的飲食得到了快速的發展。將普通的食材變化成不普通的味道，這也是淮揚菜的精隨。自古形容揚州就是廣陵大地，富甲天下之說。

　　一份燒賣要擀出三十個以上的褶子、一份三套鴨環環相套進行蒸製，功夫了得！一份大煮乾絲，考驗刀工和湯頭的鮮美。

　　喝茶，聽戲，也是當地人的飲食文化。因此，揚州的早茶也是文明於世，而早茶的主角就是麵食，一份與湯汁交融包成月牙形的蒸餃，是許多在地人早上一定要享用的一道料理，也更是每個拜訪揚州的旅人必定要品嚐的美饌。我也在揚州學習了很多麵食的技巧，例如蟹黃湯包、花式燒賣等經典麵食。這些再再的經歷都賦予了我南融北匯的料理教學特點，形成了獨居一格的風格。

　　濃油赤醬，形容上海的本幫菜；上海分兩大菜系，一是本幫菜系，一是海派菜系。本幫菜系是融合了蘇菜、浙菜、淮揚菜等菜系的結合，形成了今日的風格特點，例如燻魚、蔥燒鯽魚、本幫紅燒肉、草缽頭等等都是本幫菜的代表。

　　而海派菜系是因為在過去上海是最大的停泊港，有眾多的各國商船和洋人，劃分了很多的租界，在這個過程中，世界各地的美食文化也被隨之匯集到了上海，形成了另一個菜系，也就是所謂的上海海派菜系。老克羅的炸豬排、海派羅宋湯等西餐都是上海海派菜系的代表著作，融合了英、法、義、德、俄式西餐等的精華，並本著上海人的

口味變化出來的西餐，像德大西餐社、紅房子西菜館，都是上海海外歸來者情有獨鍾的西餐廳。

其中，金必多濃湯正是依照上海人口味所設計出來的一款湯品，以海味為主，以龍蝦、蝦仁或鮑魚，搭配上洋蔥、火腿、大蒜以及奶油等進行烹煮，口感鮮甜濃郁，飽滿的味道贏得了眾人的喜愛。

除了本幫菜和海派西餐，豐富多彩的上海麵食在中國麵食裡也是別具特色的，例如上海的生煎饅頭，也就是我們說的生煎包，外皮薄而鬆軟，底部焦而脆，配以芝麻及香蔥，讓味覺不斷的感受到不同層次的享受，再佐上一碗酸菜鴨血湯，簡直是人間美味呀！

生煎分為清水派和混水派兩大流派，清水派為麵團發酵正面煎製，混水派則是用未發酵的麵團反面煎製，總而言之，各有受到人們喜愛之處，我在上海陸續生活了三年，在這期間，我的朋友帶我去了她的老家召稼樓，我有幸地在那裡學習到了好吃的鹹肉湯糰和芝麻大湯糰，我也在後來的教學中分享給了一些同學們；更在田子坊附近的一個巷弄裡品嚐到了地到的本幫菜，紅燒茄子、炒鱔糊等簡直美味極了，我因此幾乎天天去光顧，最後和老闆還變成了朋友，他把崇明鄉下親戚所寄的水果還送了我一些，並讓我不時能在他的廚房觀摩，我不僅和老師傅學習，更走遍了大街小巷，用親身體驗的方式學習到了在地的飲食文化，更了解了上海人的生活背景。

以「翠水青山映西湖」這句話來形容杭州西湖之美景，確是當知無愧，我來到了杭州是為了學習杭幫菜以及杭州小籠包，杭幫菜系也是中國八大菜系之一，也是浙菜系的主流派系，講究食材的真味，淡雅風中，色香味俱全，它的代表作如西湖醋魚、龍井蝦仁、油燜春筍、

東坡肉等名菜都享譽中外；然而，我卻在離烏鎮不遠的一個地方的巷弄裡吃到了一對老夫妻所做的清蒸臭豆腐以及梅干扣肉，那梅干是自己曬製的，加上綿軟鮮嫩的五花肉片疊堆在碗上，再以醬油和香料調配上鍋蒸製，那誘人的香味和色澤以及糯糯的口感，簡直令我雀躍不已，這也絕不是隨便一個大廚就能完成出來的．美食除了炫耀它的高大尚，最主要是能夠做出貼近人心的溫暖味道，而在那對老夫妻那裡，我學習到了甚麼叫用愛做料理。

廣東的意外驚喜：粵菜與茶樓

嶺南紅槿花中越～廣東，粵菜的發源地，也是商人菜。1991年我到了廣州出差，到那做展覽，我發現隨便在街上的小攤子。所做出的蠔油芥藍、潮汕滷味都是那麼的可口，引起了我對粵菜的興趣。

我們在北京最早接觸的廣東菜餐廳叫阿靜粵菜館。這是一家在北京當地相當具有知名度的粵菜餐廳，然而，在我來到廣州後，沒過幾天我就發現真是應了那句話～世界大廚在廣東，而廣東大廚在順德。這裡不管是白天鵝大酒樓做出來的高級粵菜，還是路邊大排檔，又或是早晚茶的茶樓，那種氛圍和它特別的味道，都讓我對粵菜有了濃濃的興趣。

一道香芋扣肉、避風塘炒蝦、燒鵝等都是廣東名菜。香芋扣肉，鬆綿的芋頭搭配鮮嫩的五花肉，經過調味，上鍋蒸熟，結果是一盤入口即化芋香四溢的一道美味佳餚。亦或是避風塘炒蝦，更是連蒜渣都讓人愛不釋手，我在廣州的這段期間，有幸品嘗到了很多道地的粵菜，然而值得一提的是，我真正學習粵菜以及廣點的地方卻是北京。

飲茶發源自中國廣東，無論是洽商還是三五好友聚會，來到茶樓，點上一盅兩件，顯得格外親切自然，我在廣州的時候，也有發現平常生活步調快又緊湊的廣州人，一旦進了茶樓，就會自然而然的放鬆下來，不知那桌上的一壺茶，給他們帶來的到底是甚麼樣的魔法，能夠達成這樣的效果。

赴日的求學之路：對料理的執著與付出

　　除了在中國各地的學習，更隨著家中長姊和弟弟們移居日本求學工作之時，也來到東京藍帶餐飲學院求學，除了學習學校裡頂級師傅的料理精隨，我更把握時機，在研修課本知識之餘，到東京的大街小巷品嚐學習在地人的料理。藉著這樣的機會，我不僅深入了解到了正宗日式料理的特徵與精華，更認識到了中餐在以中國唐宋文明為奠基的日本是如何被詮釋的。

　　在農曆新年後不久，一個格外暖活的初春。在仔細規畫了將近5個月後，我訂了機票，又飛到了東京，即將在異國展開一場與美食的交流。

　　初春的時節，對於緯度較高的日本來說還是一個需要穿厚外套的季節，我刻意提前來到日本，為自己在開學前多留了一些時間，，其實是希望在課程緊鑼密鼓地開始前，能給自己再去走訪當地的大街小巷的機會，拜訪我曾經為了學習料理而待過的店家，回味一下我所熟識的日本味……

　　幾天後，我在東京藍帶的密集訓練便就此開始了。密集版的課程，使得我們需要更聚精會神地聽講，而禁止拍照的規定和不包含作法的食譜，更意味著我不能錯過任何一個上課細節。

當天上課當天評分，期末再大考……在每天從早到晚的學習過程中，除了技術上的大幅增長、視野的開拓、更重要的是在主廚的帶領下，認識到了團隊合作的精神。要在一個陌生的環境裡和不熟悉的人一同合作完成課堂作品，對於班上許多像我一樣第一次參加藍帶課程的國際學生來說，看似簡單但做起來卻其實需要很多的磨練。

凡是都是萬事起頭難，雖說一開始同學之間經常有意見上的分歧，在磨合了解彼此的個性和做事方法後，其實能這樣的合作不僅是在課堂上為我們的學習效果大幅加分，更成為了每位同學學習料理的路上非常寶貴的經驗。從構思設計和製作，到組裝和裝飾，經常都必須仰賴團隊合作來達成。

在廚藝學校裡，主廚經常強調理論與技巧固然重要，比如甜點很是要求比例，但是做菜就要憑感覺了，因為每個人的蔬菜、肉類都略有不同，如果照本宣科一定會很挫敗，必須要通過自己不斷的品嘗味道，累積豐富的經驗方能達到你想要的結果。

寫到這，我突然想起了每天晚上下課後，和同學們相約到學校附近的食堂吃飯的故事。學校位在東京的代官山地區，作為城市裡高級休閒區的代官山，夜幕降臨之際，燈光閃爍好不熱鬧。然而，那兒的人情味卻不盡如此，生活的快速步伐讓人們沒有時間能停下來好好認識彼此，而工作的辛勤也讓大家少有精力交友。

我把每天做的麵包或甜點趁著用餐時帶一些給他們，那裡的人不論是店員還是廚師，都格外的熱情，主廚們更是看到我來了和我聊得不亦樂乎，這種溫暖不是給他們帶幾顆麵包和多少的高級甜點這麼簡單，是心裡不同層次的感受，我們至今都還常常聯絡。

　　除了餐廳裡的員工，我家的鄰居、家人的同事等等都因為我給他們帶來的一顆顆無添加麵包和好吃的高級甜點，而在此刻開心雀躍著，這在在的經歷也給我人生留下了美好的回憶，生活的點點滴滴和心靈的想法，都會展現在你做出的料理和甜點上。對於我來說，那看似簡單的麵包和甜點，卻是我在異地他鄉所拾得的友情的最佳見證。

　　除了食堂，我也常利用假日走訪一些東京巷弄內私人經營的小館子，舉凡拉麵店、燒肉店、居酒屋、懷石料理店……甚至是漢堡店、披薩店等，我都拜訪過，而每次的目的不僅僅只是品嘗料理，更是觀摩每位師傅獨有的料理職人精神。有靈魂的料理，就是靠這股無法抄襲的職人精神所支撐起來的，同樣一道菜，經過不同師傅的巧手,，吃起來的味道那是截然不同的，而這也是為甚麼我在日本鮮少光臨那些已經失去了「溫度」的連鎖餐廳的原因。也正如挑嘴的我，創立工作室的理念是「把同學當家人一般對待」。那些鮮嫩的小農自種蔬菜、聞香的跑地雞、鮮活的溫體牛，都只是為了一個好吃又健康的堅持。

　　除了在學校和東京的學習，我也因工作關係有幸來到了南方城市鹿兒島。在那，相對鄉村的慢步調氛圍，給了我更多的機會能仔細揣摩每一次與料理的交會。還記得，在一家姊夫推薦我去學習的拉麵店，第一次品嘗到了道地的黑拉麵。

　　黑拉麵的濃厚湯底是加入了黑芝麻而熬成的，有別於在其他地方吃到的拉麵，鹿兒島拉麵相對較清淡爽口且含大量蔬菜；一般日式拉麵的湯頭其實是很鹹的，然而鹿兒島拉麵這樣清爽的特質，讓人們能夠有機會品嚐一碗更健康的日本麵食。

　　型男店主堂先生，每天堅持手工熬製整鍋湯底，在他的廚房裡，只有為了炸天婦羅所準備的各種蔬菜和熬製湯底所需的新鮮肉品，沒有人工調味劑等商業廚房裡經常會有的化學品。而我對道地義大利料理的深入了解，也是從我在鹿兒島認識來自義大利的主廚開始的。那次在南九州的鹿兒島之行，開啟了我人生學習料理的另一個篇章。

在台灣落地生根：格格的幸福廚房

　　二十多歲時，因緣際會地移居到了台灣，從小生長於北京的我，自小深受濃厚的文化薰陶，北京因為是首都，所以個個菜系的美食匯集於此，早期的豐澤園、翠華樓、阿靜粵菜、天府飯莊等等都是給我啟蒙的好老師……

　　因此剛到台灣時，對台灣各種具有獨特閩南風情且國際化的人事物是非常感興趣的。剛到台灣時，我並沒有馬上開始工作，也正因為這樣，給了我非常充足的機會能在台北的街巷裡發現屬於台灣的特色美食。滷肉飯、黑白切、魷魚羹、鹽酥雞，各種各樣的台灣小吃，對於酷愛美食的我來說，簡直是如魚得水。

　　其中，第一次品嘗到台灣牛肉麵的那種感覺，是至今令我仍記憶猶新的。來到台灣前，我吃過最接近台式牛肉麵的料理就要屬四川牛肉麵了，然而，在那一次的機遇後，我對這碗帶著牛肉的湯麵有了全新的理解。那碗麵的麵條口感微硬彈牙，牛肉非常入味，而那相當夠味的湯頭，是真的令我至今難忘的了。

　　在台灣這個美食國度的生活，給我的料理之路帶來了很大的啟發。早期就受大量外國文化影響的台灣，在多元文化的背景下，衍生出了非常豐富的飲食文化。除了各式各樣的料理比比皆是以外，同樣的一種料理，例如中式料理，在台灣也被用不同的方式給詮釋了出來。例如：北京烤鴨除了鴨肉配餅皮來享用，在北京最常見的作法是把剩下

的鴨架煮成湯，然而，台灣人熟悉的作法，卻是把鴨架子炒成一道菜，濃濃的九層塔香配上微辣的口感，第一次便把我這個自認對烤鴨再了解不過的北京人給迷住了⋯⋯

在台灣已經生活了 20 幾年，台北早已成了我的家，而格格的幸福廚房創立的初衷，其實就是因為我想為我這個南方的家，添一些人。幸福廚房的開始其實是巧然的，一開始，喜歡美食熱鬧的我經常邀請三五好友到家裡聚會，談心之餘，大家也都會嘗一嘗我做的家常菜，品嘗從小學習廚藝的我所用心烹煮出來的美食，便成了大家每次來到我家最期待的一件事，而當天的菜餚，便成了餐桌上的話題，創立幸福廚房這樣的點子，便在親朋好友的鼓勵下，自然而然地萌芽了。

作為同學們的大家長，我的初衷，也是我直到今日一直秉持的理念，便是希望幸福廚房是一個能讓大家感到自在幸福的料理空間，能是大家一個在外頭的家。

一場與中華麵食的奇遇

2015 年時隨著家子到雪梨求學，在工作之餘，我也陸陸續續拜訪了澳洲幾次，每次的澳洲之行都給了我對料理新的啟發。在自然風光明媚的雪梨，人們對餐點是否使用天然無添加的食材非常重視，而在較有歷史文化的南方城市墨爾本，中餐廳更著重於能夠將最經典的中式料理呈現給食客。而整體來說，就是用真正的天然食材激發出食物的美味，這也是我在教學上堅持使用高品質無添加的原動力。

這樣的幾次在不同國家的機遇，給了我重新認識中國飲食的機會，為我在接下來的料理之路能夠將原汁原味的傳統中式餐點以現代大眾能夠接受的方式傳遞給大家，奠下了基礎，更讓我在教學之路，除了以一位北京人的眼光，更能以世界的角度來為同學們詮釋中華料理的美。

我總和同學們說，學習料理如果沒有能夠了解當地人的文化和歷史背景，你是很難把它的精髓表達出來的，所以為甚麼我上課時，總是先從一張地圖開始講解，當大家了解了一道料理的背景，發源地的人事物，才能慢慢進入情境，這也是我多年來的切身體驗和解讀。

接下來，請您泡一壺茶，找一張舒適的椅子，讓我帶您在餐桌上來一趟美食之旅。

2

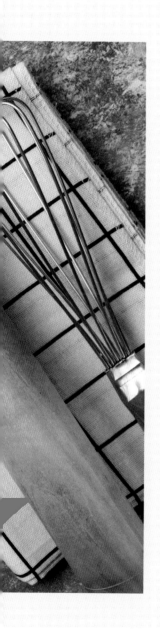

麵食料理
的知識殿堂

給新手的麵食第一課

麵粉的選擇？

市面上的麵粉種類百百款，到底該怎麼選擇正確的麵粉呢？

我們平時日常生活中常用到的麵粉種類主要有三大種，分別為低筋麵粉、中筋麵粉和高筋麵粉。

這三種麵粉最基本的差別在於它們的蛋白質含量。其中，低筋麵粉大約有 7%~9% 的蛋白質以及 0.5% 以下的灰分；中筋麵粉約為 10%~11% 和 0.4% 以下的灰分；高筋麵粉則應有至少在 12% 以上，但不超過 14% 的蛋白質含量，加上不超過 0.43% 的灰分。

麵粉愈靠近小麥麩皮的位置蛋白質含量愈高，但相較之下顏色也會偏黃。而愈靠近麥心部位所製出的麵粉則蛋白質含量愈低，但顏色也會相對偏白。因此，取自於小麥胚乳的低筋麵粉筋性較弱，但粉質、口感細緻綿密，比較適合製作蛋糕、餅乾等各式甜點。而在中式麵點上的運用，低筋麵粉則是非常好的油炸裹粉，將食物裹上一層低粉，就能在油炸時最大程度地鎖住食物的水分以及濕潤度。

至於含水量適中，約在 13.5% 左右的中筋麵粉，則是製作中式麵點的萬能粉，適合製作的品項眾多，例如我們常吃的包子饅頭、水餃、麵條和各式餅類等，都是用中筋麵粉揉製而成的。

　　高筋麵粉的含水量相對較高，約在 14% 左右，適合製作吐司、麵包等口感相對較為緊實、彈度較大、延展性較高的製品。

　　而除了這三大種類外，像是本書有使用到的蕎麥麵粉，是使用 100% 的生蕎麥研磨而成，含有大量膳食纖維以及維生素，添加於以上的一般麵粉中混和使用尤佳，可用來製作麵條和饅頭等常見的中式麵食。

麵團種類大不同！

　　中式麵點的麵團，如本書之後食譜會提到的，可約略分為發酵麵團、冷水麵團、溫水麵團和燙麵麵團。

發酵麵團

適合饅頭、包子、花捲、蛋糕、發麵餅

添加了能幫助發酵的酵母粉（通常使用速溶乾酵母）的一種麵團，其質地蓬鬆且有彈性。

冷水麵團

適合雲吞、水餃、麵條兒

冷水麵團是以麵粉加入冷水混和而製成的，含水量適中，大約在45%~55% 之間，所以口感相對來說會比較硬、有嚼勁。

溫水麵團

適合各種蔥油餅

溫水麵團是將麵粉加入 65 度左右的溫熱水所揉製而成的，麵粉中的澱粉會因為遇熱而糊化，因此溫水麵團含水量較高，相較於冷水麵團而言口感較為柔軟。

燙麵麵團

適合燒賣、鍋貼、蒸餃、春餅

燙麵麵團則是以 90 度以上的滾燙沸水調製而成，麵團因吸水量更高，因此口感又比溫水麵團要更為柔軟。

含水量：燙麵麵團＞溫水麵團＞冷水麵團＞發酵麵團
柔軟度：燙麵麵團＞溫水麵團＞冷水麵團＞發酵麵團

麵粉＋水＝麵團？

　　麵粉遇到不同溫度的水會產生不一樣的變化，這是因為麵粉裡所含的澱粉與蛋白質，會透過水溫直接影響麵團的含水量及特質。溫度愈高，麵團的含水量就會愈高，澱粉顆粒的糊化度也愈高，因此會產生柔軟蓬鬆的特性。

　　在常溫水下，會因為麵粉正常吸水 使麵團成為軟硬適宜的冷水麵團。此外，因為不同時節的氣溫不同，所以在用水上也應該要把當下節令納入考量。例如夏秋氣溫較高，宜用常溫水；冬春氣溫則較低，水溫大約需要 30 度左右。

　　除了水以外，麵團裡的鹽和酵母也是扮演著不同角色的重要原料。

　　在麵團裡，鹽的作用並不是用於調味，而是起到強化麵筋、適量抑制酵母成長的功能，並降低食用後令人產生脹氣的問題，用量通常在麵粉的 1% 左右。而酵母也是只需用麵粉 1% 的分量即可，其最適宜的溫度約莫在 25-30 度之間。

揉麵三步：活、醒、揉

揉麵的關鍵在於三個字：活、醒、揉。

● **活**：用身體的力量推動手腕。

● **醒**：將「活」好的麵團蓋上濕布，靜置 15~20 分鐘。

● **揉**：將「醒」好的麵團繼續揉搓至三光的狀態為止。

三光：麵光、手光、盆光。

● **麵光**：麵團表面光滑細緻。

● **手光**：兩手已不會再沾有麵粉。

● **盆光**：麵盆裡已沒有剩餘的麵粉。

發酵的學問

　　麵團和好後需要經過一段發酵的時間，發酵的這一步是相當重要的，若沒有成功發酵，會使做出來的成品出現誤差，所以一定要學會判斷發酵程度。

　　當大家發現麵團已經膨脹至原有麵團的兩倍大時，這時通常代表著發酵已經完成了，可以將手指沾一些麵粉，輕輕戳動麵團，若麵團沒有快速回彈起來，就可以驗證麵團已經發酵完成。

　　除了上述方法，亦可透過「手摸麵團看黏不黏手」，「麵團拿起來是否有輕盈空氣感」以及「聞起來不是麵粉味而是獨特的發酵風味」等來判斷麵團是否發酵完成。

麵粉、麵團的存放

麵粉的保存：

為了避免沒有使用完的麵粉會受潮發霉或長蟲，一定要將已開封的麵粉放入密封罐內或保鮮盒中，並且放置於陰涼、乾燥處妥善處存，其中又以本身較為不透光的盒子，如法郎盒或不鏽鋼密封盒為佳。

麵團的保存方法：

發酵好的麵團若當天用不完即丟棄，實為可惜……可以透過以下簡單便捷的方法暫作保存。

首先，如視情形可在三天內使用完，則可以將麵團放在排出空氣的密封袋裡，再放入冷藏，如此一來可以保存麵團的味道，讓酵母在麵團還未被使用前都能持續為麵團增加風味。

然而，如果預計需要超過三天才能將麵團使用完，則需放置冷凍進行保存，之後須在使用前先將麵團置於冷藏或室溫下進行解凍。

麵食料理，
上桌啦！

手把手教你做出道地的中式麵食

＊本書料理皆為純手工製作，
無添加任何固定、漂白等化學藥劑！
讓您吃得健康又安心。

十大麵團製作

——發酵麵團

冷水麵團

燙麵麵團

溫水麵團

老麵酵頭

紫芋雙麵團

金玉南瓜麵團

碧玉波斯麵團

甜菜根冷水麵團

山養蕎麥麵團

發酵麵團

適合饅頭、包子、
花捲、發糕、發麵餅

材　料　中筋麵粉 300g、溫水 28 度 160ml、
酵母 3g、糖 10g、鹽 2g

作法 PRACTICE

1　將所有材料混合後揉成團。（見圖 1-1 ～ 1-3）

2　醒麵，直到麵團發酵至兩倍大即可。

3　可將手指沾上面粉從麵團中心往下壓出凹洞，凹洞沒有回彈即可。
　　（見圖 3-1 ～ 3-2）

冷水麵團

適合雲吞、水餃、麵條兒

材　料 中筋麵粉 300g、水 150g、鹽少許

作 法
PRACTICE

1　將所有材料混合後揉成團。（見圖 1-1 ～ 1-2）

2　醒麵 15 分鐘。

3　再揉一次麵團直到三光（麵光、手光、盆光）。

燙麵麵團

適合燒賣、鍋貼、
蒸餃、春餅

材　料 中筋麵粉 300g、熱水 140g、
冷水 50ml、鹽少許、
油 5g

作法
PRACTICE

1　將熱水倒入 80% 的麵粉中，一邊用筷子將麵粉攪拌成粉片。

2　倒入 5g 的油。

3　把冷水均勻灑在其餘的 20% 麵粉上。

4　將所有材料混合後揉成團。

5　待醒麵約 20 分鐘。

溫水麵團

適合各種蔥油餅

材料 中筋麵粉 300g、熱水 60ml、
冷水 140ml、鹽 1g、
油 5g

作法 PRACTICE

1　將所有材料混合後揉成團。（見圖 1-1 ～ 1-3）

2　醒麵 30 分鐘。

老麵酵頭

材 料 一 中筋麵粉 100g、水 150ml、
酵母 1g、糖 5g

材 料 二 面粉 300g、水 120ml、
酵母 2g、糖 15g

作 法
PRACTICE

1　將全部材料一混合均勻後，放入冰箱冷藏 24 小時進行發酵。

2　麵團發酵後加入材料二並揉成麵團。

3　把麵團分割成一個 60g 的小麵劑子。

4　包上保鮮膜後放入冰箱冷凍保存。

紫芋雙麵團

麵團材料 紫地瓜泥 50g、芋頭泥 50g、

中粉 200g、水約 70ml、

鹽 3g

芋頭紫地瓜泥製作 ··

材料：

紫地瓜 80g、去皮芋頭 80g

作法：

將紫地瓜和芋頭蒸 25 分鐘後趁熱壓成泥。

1　混合所有材料後揉麵。

2　醒麵 30 分鐘。

3　完成醒麵。

金玉南瓜麵團

麵團材料 中粉 200g、南瓜泥 100g、

水 20ml、鹽 2g

南瓜泥製作 ···

材料：

南瓜去皮 150g

作法：

將南瓜蒸 20 分鐘後趁熱壓成泥。

作法
PRACTICE

1　混合材料後揉麵。

2　醒麵 30 分鐘。

3　完成醒麵。

碧玉波斯麵團

麵團材料 中粉 300g、高山菠菜汁 150g、

鹽 3g

菠菜汁製作 ....

材料：

高山菠菜 250g、冰水 100g

作法：

菠菜川燙撈出放冰水裡，取出菠菜切碎和水放在果汁機裡打成汁過
濾即可。

作法 PRACTICE

1   混合材料後揉麵。

2   醒麵 30 分鐘。

3   完成醒麵。

甜菜根冷水麵團

麵團材料 中粉 300g、甜菜根汁 150g、
鹽 1g

甜菜根汁製作 ⋯⋯⋯⋯⋯⋯⋯⋯⋯⋯⋯⋯⋯⋯⋯⋯⋯⋯⋯

材料：

甜菜根 100g、水 200ml

作法：

將甜菜跟和水放在果汁機中打碎過濾出汁。

作法 PRACTICE

1　混合材料後揉麵。

2　醒麵 30 分鐘。

3　完成醒麵。

山養蕎麥麵團

麵團材料 蕎麥粉 150g、中粉 150g、

水 150ml 60°、鹽 2g

作 法
PRACTICE

1　混合材料後揉麵。

2　醒麵 30 分鐘。

3　完成醒麵。

中式甜點內餡

——紅豆沙
　奶黃餡
　黑芝麻餡

紅豆沙

材料 紅豆 300g、水 500g～540g

金沙糖 150g、蜂蜜 80g、鹽 2g

作法 PRACTICE

1　將紅豆洗淨後泡水，8 個小時後撈出。

2　將紅豆及水放入壓力鍋，蓋上鍋蓋並大火煮滾，直至氣壓閥兩條線完全升起。

3　轉小火，煮 13~15 分鐘後關火。

4　待冷卻後將鍋蓋打開，放入糖及蜂蜜拌勻。

5　用大湯匙將紅豆壓扁成泥狀即可。（見圖 5-1~5-2）

5-1

5-2

奶黃餡

材　料 鹹蛋黃 3 顆、奶粉 25g、錦白糖 40g、軟化奶油 50g、鮮奶 10g

作法
PRACTICE

1　將鹹蛋黃用滾水蒸 6 分鐘後過篩磨碎。

2　將過篩的鹹蛋黃加入其他材料後拌勻並放入冰箱冷藏 20 分鐘。

3　以 20g 為單位後揉成球狀並放入冰箱冷藏備用。

黑芝麻餡

材　　料　有機黑芝麻粉 150g、糖 75g、奶油 110g、鹽 2g、核桃（以 170℃烘烤 7 分鐘）

作法 PRACTICE

1　將材料混合拌勻後放入冰箱冷藏。

2　以 35g 為單位揉成球狀並放入冰箱冷藏備用。

聞香尋味金燦燦～
金玉南瓜發酵麵團
——金子貝殼小饅頭
金玉南瓜紅豆餅

01　金子貝殻小饅頭

麵團材料 中粉 200g、南瓜泥 100g、酵母 3g、糖 10g、
牛奶 60g

作法
PRACTICE

1　將所有材料混合成團後醒麵，直到麵團發酵起來，呈兩倍大即可。

2　把發酵好的麵團揉勻後以 35g 為單位切分。

3　將小麵團桿成橢圓形。

4　在表面刷上一層薄薄的油。

5　將麵團對折後輕輕壓一下。

6　用刮板在麵團上畫出一條條的線條。

7　在麵團尾部的中間捏出一個小小尖角。

8　將旁邊的兩個角往中間集中。（見圖 8-1 〜 8-3）

9　進行第二次發酵，約 20 分鐘。

10　滾水後上鍋蒸 8 分鐘，燜 2 分鐘後取出。

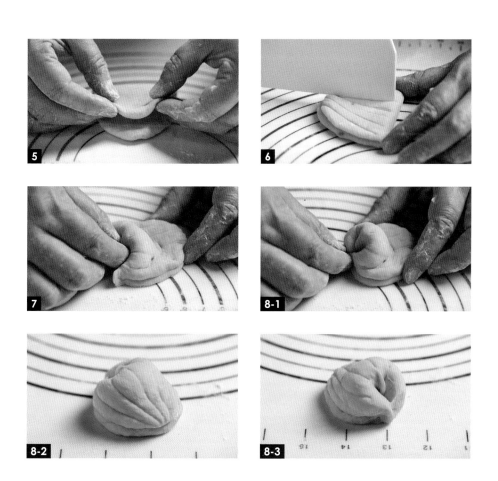

02　金玉南瓜紅豆餅

麵團材料 中粉 300g、南瓜泥 150g、

糖 30g、酵母 3g、牛奶 50g

內餡材料 紅豆沙餡 200g

作法
PRACTICE

1 將所有材料混合成團後醒麵，直到麵團發酵起來，呈兩倍大即可。

2 將麵團揉勻後以 50g 為單位切分。

3 將小麵團桿成厚度 1cm 的圓片。

4 包入 38g 的紅豆沙餡。

5 將麵團按扁後醒發，約 15 分鐘。

6 不沾鍋熱鍋後刷一點油，烙至兩面烙金黃即可。

聞香尋味金燦燦～
金玉南瓜冷水麵團

──金玉南瓜手工麵條兒

01 金玉南瓜手工麵條兒

麵團材料 請參考金玉南瓜麵團（可參考 P61）

作法
PRACTICE

1　將所有材料混合成團後醒麵 30 分鐘。

2　將麵團桿成圓形薄片後摺疊。

3　可將桿麵棍用麵皮包覆後進行切割。（見圖 3-1 ～ 3-3）

4　依據個人喜好將薄片切條或用壓面機製麵。（見圖 4-1 ～ 4-2）

3-1

3-2

3-3

4-1

4-2

四時花開馨香芋～
紫映花芋冷水麵團
——紫映花芋手工麵條兒

01 紫映花芋手工麵條兒

麵團材料 請參考紫芋雙麵團（可參考 P59）

作 法
PRACTICE

1　將所有材料混合成團後醒麵 30 分鐘。

2　將麵團桿成圓形薄片後摺疊。

3　可將桿麵棍用麵皮包覆後進行切割。

4　依據個人喜好將薄片切條或用壓面機製麵。（見圖 4-1 ～ 4-2）

4-1

4-2

波斯紅嘴綠鸚哥～
碧玉菠菜冷水麵團
——媽媽的撥魚兒
　碧玉菠菜手工麵條兒

01   媽媽的撥魚兒

麵團材料	中粉 200g、菠菜汁 180g、水 100g、鹽 2g
湯底材料	紅蕃茄 2 顆、木耳 10g 泡發、青蔥 1 根、蒜 1 粒、香菜 2 根、雞蛋 2 顆、水 1.5L

調　　味	鹽適量、糖 10g、生抽 20g、胡椒粉少許、香油少許

作法 PRACTICE

1　將中粉和菠菜汁混合攪拌。

2　接著把 100g 的水倒入攪拌好的菠菜麵團上，不須攪拌，醒麵 30
　分鐘。

3　熱鍋下油後先放入蔥段、蒜粒炒香。

4　接著放入番茄和木耳後進行調味。

5　倒入水後煮滾。

6　把先前倒入菠菜麵團的水倒掉。

7　傾斜碗讓麵團流到碗邊，用一根筷子沾水後將麵團一條一條撥到滾水裡。（見圖 7-1 ～ 7-2）

8　最後將雞蛋打散後倒入，放上香菜、香油即可。

7-1

7-2

8

02 碧玉菠菜手工麵條兒

麵團材料 請參考碧玉波斯麵團（可參考 P63）

作法 PRACTICE

1　將所有材料混合成團後醒麵 30 分鐘。

2　將麵團桿成圓形薄片後摺疊。

3　可將桿麵棍用麵皮包覆後進行切割。（見圖 3-1 ～ 3-4）

4　依據個人喜好將薄片切條或用壓面機製麵。

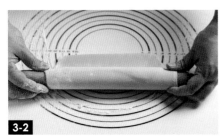

地中海上火焰菜～
甜菜根冷水麵團
——甜菜根手工麵條兒

01　甜菜根手工麵條兒

麵團材料 請參考甜菜根冷水麵團（可參考 P65）

作法
PRACTICE

1　將所有材料混合成團後醒麵 30 分鐘。

2　將麵團桿成圓形薄片後摺疊。

3　可將桿麵棍用麵皮包覆後進行切割。

4　依據個人喜好將薄片切條或用壓面機製麵。（見圖 4-1 ～ 4-3）

4-1

4-2

4-3

雪兆豐年盈嘉穗～
雪白發酵麵團
　——上海香蔥小花捲
　北海仿膳如意捲
　幽香豆奶燕麥小饅頭
　上海青 - 素菜包
　上海青 - 菜肉包
　滬上人家～鐵鍋生煎饅頭
　肉皮凍
　揚州五丁包
　姥姥的蔥花發麵餅
　廣式香腸捲
　姥姥的豆沙發麵餅
　黑芝麻核桃捲
　廣式點心～幼香黑芝麻核桃包
　廣式點心～鵝白奶黃包

01　上海香蔥小花捲

麵團材料 請參考發酵麵團（可參考 P48 ～ P49）

內餡材料 小香蔥 80g、鹽少許、油 50g

作法 PRACTICE

1 將麵團桿成厚度約 3mm 的長方形。

2 在面皮上刷一層薄薄的油並灑上鹽。（見圖 2-1 ～ 2-2）

3 將青蔥均勻鋪在麵皮上。

4 將麵皮兩側向中間疊成長方形。（見圖 4-1 ～ 4-3）

5 在外皮刷上一層薄薄的油。

6 將麵皮切成 3cm~4cm 不等的小長方形。

7 取兩塊小麵團平行疊放。

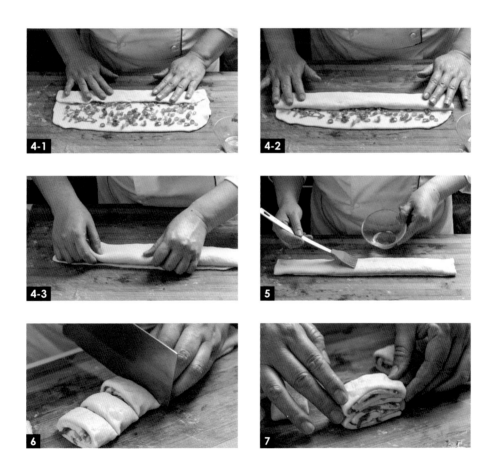

8　拿一根筷子與麵團平行，並從中間向下壓出痕跡。

9　將麵團兩端繞著手指一圈黏合。（見圖 9-1 ～ 9-4）

10　塑形完成後進行第二次發酵，時間約 20-30 分鐘。

11　滾水上鍋蒸 8 分鐘後再燜 2 分鐘。

12　最後慢慢打開蓋子取出花捲。

02　北海仿膳如意捲

麵團材料 請參考發酵麵團（可參考 P48～P49）

作法 PRACTICE

1　把麵團桿成厚度 3mm 的長方形。

2　刷上一層薄薄的油後再灑上白糖。（見圖 2-1～2-2）

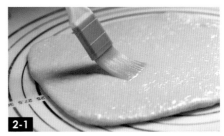

3　分別從兩邊捲到中間。（見圖 3-1 ～ 3-4）

4　翻面後用刀切自己喜歡的大小。（見圖 4-1 ～ 4-2）

5　放在蒸籠中進行 20~30 分鐘的發酵。

6　滾水上鍋蒸 8 分鐘後再燜 2 分鐘。

7　慢慢打開蓋子取出。

03 幽香豆奶燕麥小饅頭

材　料 面粉 250g、黃豆粉 50g、大燕麥片 80g、
溫豆漿 28 度 130ml、溫牛奶 60ml、
老麵酵頭 80g、酵母 2g、糖 38g、鹽 2g

作法
PRACTICE

1 　將所有材料混合成團後醒麵，直到麵團發酵起來，呈兩倍大即可。

　　* 也可手指沾上面粉後從麵團中心往下按出一個凹洞，凹洞沒有回彈即可。

2 　把麵團桿成長方形。

3 　麵皮左右兩邊向中間對折後再桿成長方形。（見圖 3-1 ～ 3-5）

4　步驟 3 重複 3 次，每次對折都要間歇醒麵 5 分鐘。

5　由上往下捲後捏合，用刀切成自己喜歡的大小。（見圖5-1 ～ 5-5）

6　進行 30 分鐘的發酵。

7　冷水下鍋水滾 12~13 分鐘後燜 2 分鐘。

8　慢慢打開蓋子取出。

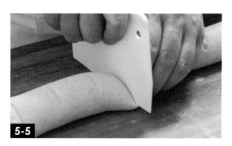

04　　上海青 - 素菜包

麵團材料 請參考發酵麵團（可參考 P48 ～ P49）

內餡材料 青江菜 1500g 川燙後過冷水剁碎再捏乾、
紅蘿蔔半根、乾香菇 10 朵、木耳 20g 泡發、
豆乾 5 塊、薑片 15g

調 味 鹽適量、糖 10g、蠔油 15g、生抽 30g、
白胡椒粉少許、香油

作法 PRACTICE

1　在鍋中放油煎薑片後將薑片撈出。

2　將香菇、木耳、菇類切丁後炒香後撈出。

3　在鍋中放油炒香豆乾後並放入調味料。

4　將步驟 1、2、3 的餡料混合並淋入香油。

5　加入青江菜後攪拌均勻。

6　把麵團揉到光滑後搓條並以 45g 為單位切分。

7　將小麵團桿成圓片。

8　放入內餡後，包成包子狀。（見圖 8-1 ～ 8-9）

9　放入蒸籠中醒發 20 分鐘。

10　滾水上鍋蒸 10 分鐘後燜 3 分鐘。

11　慢慢打開蓋子取出。

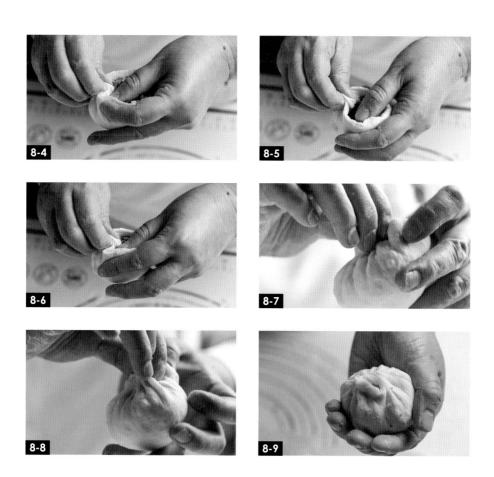

05   上海青 - 菜肉包

麵團材料 請參考發酵麵團（可參考 P48 ～ P49）

內餡材料 青江菜 1500g 川燙後過冷水剁碎再捏乾、

豬肉餡 600g、薑泥 10g、蔥碎 50g

調　味 雞蛋 1 顆、鹽適量、糖 6g、蠔油 10g、

醬油 30g、料酒 15g、白胡椒粉少許、香油少許

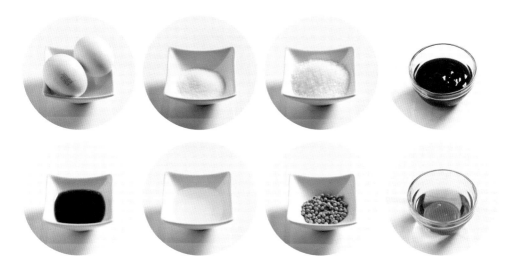

作法 PRACTICE

1　將肉餡和調味依序放入，順著同一個方向拌勻後備用。

2　把麵團揉到光滑後搓條並以 45g 為單位切分。

3　將小麵團桿成圓片。

4　放入內餡後，包成包子狀。（同素菜包，見圖 4-1 ～ 4-9）

3

4-1

4-2

4-3

4-4

4-5

5   放入蒸籠中醒發 20 分鐘。

6   滾水上鍋蒸 12 ～ 13 分鐘後燜 2~3 分鐘。

7   慢慢打開蓋子取出。

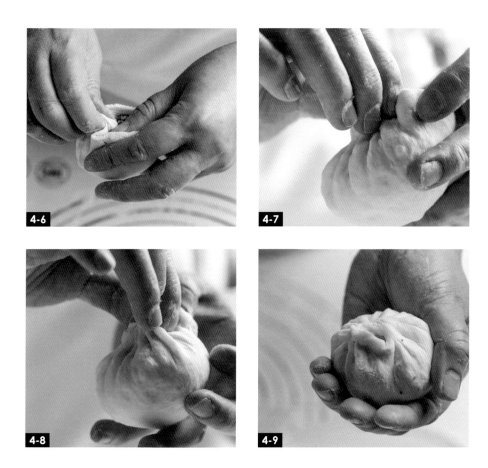

06

滬上人家～
鐵鍋生煎饅頭

麵團材料 中筋麵粉 300g、糖 10g、乾酵母 3g、水 130g

內餡材料 豬肉餡 450g（肥瘦比例 3:7）、薑泥 8g、

蔥碎 60g、＊肉皮凍 100g

肉皮凍作法 ⋯⋯⋯⋯⋯⋯⋯⋯⋯⋯⋯⋯⋯⋯⋯⋯⋯⋯⋯⋯⋯⋯⋯⋯⋯

將 500g 新鮮豬肉皮川燙後，另起一鍋 1500cc 左右的水，放入肉皮、
薑片、蔥結、料酒，燉煮大約 1 小時左右，待肉皮變軟後熄火放涼
過濾，再將過濾後的汁液放入冷藏凝結即可。

119

調　　味　雞蛋 1 顆、鹽適量、糖 10g、醬油 45g、
料酒 15g、白胡椒粉、香油少許

作法
PRACTICE

1　將肉餡和醃料依序放入，順著同一個方向拌勻後備用。

2　把麵團揉到光滑後，以 35g 為單位分成小麵團。

3　將小麵團桿成圓片。

4　包入 25g 的內餡。

5　均勻倒排在鐵鍋裡。

6　中小火上鍋，倒入一點油煎至底部金黃。

7　再放入熱水至生煎包的 1/3 處，蓋上鍋蓋。

8　煎至水份完全蒸發，滋滋作響時撒入黑芝麻和小香蔥即可裝盤。

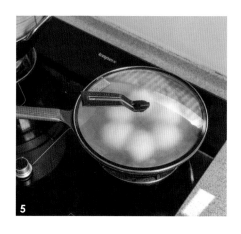
5

7

07 揚州五丁包

麵團材料 請參考發酵麵團（可見 P48 ～ 49）

內餡材料 豬梅花 200g、雞腿肉 1 隻、熟筍丁 100g、乾香菇
6 朵泡發切丁、蝦仁 80g 切丁、薑 5 片、青蔥 3 根

調　　味 油 2 大湯匙、鹽適量、
糖 15g、生抽 40g、
老抽 10g、高湯 80g

1   將所有食材去骨切丁。

2   將豬肉、雞肉、蔥、薑一起煮 30 分鐘，煮到軟嫩後撈出。

3   取鍋倒油，放入香菇、豬肉、雞肉、筍丁、蝦仁炒香。

4   最後放入調味後收汁，放涼冷藏。

5   將麵團揉勻後搓條，以 45g 為單位切分後桿圓。

6   包餡方法同素菜包。（可參考 P112 ～ P113）

7   進行二次發酵，時間約 20~30 分鐘。

8   涼水上鍋蒸，水滾後計時 12 分鐘燜 2 分鐘後慢慢取出。

08 姥姥的蔥花發麵餅

麵團材料 面粉 300g、溫水 28 度 200ml、酵母 3g、
糖 5g、鹽 1g

內餡材料 青蔥碎 150g、胡椒鹽少許、油適量

作法
PRACTICE

1　將麵團材料混合，揉成團後醒麵，直到麵團發酵起來，呈兩倍大即可。

2　把麵團平均分成 2 塊，接著桿成圓形。

3　在麵皮上刷一層薄薄的油，接著灑上胡椒鹽和蔥花。（見圖 3-1 ～ 3-2）

4　找到中心順著劃一刀（半徑）。

5 　從開口處慢慢往前捲，成一個塔型。（見圖 5-1 ～ 5-5）

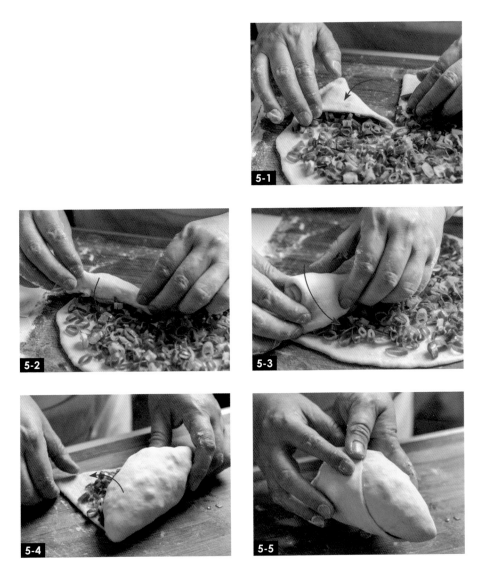

6　　將接合處捏緊後從上往下壓，成一個圓形麵團。（見圖 6-1 ～ 6-4）

7　　在麵皮表面刷一層水後灑上白芝麻。

8　　醒發 10 分鐘。

9　　把麵團桿成 1 公分厚度後再醒發 10 分鐘。

10　熱鍋後放一點油，把餅煎至兩面呈現金黃即可起鍋。

09　廣式香腸捲

麵團材料 低粉 250g、糖 35g、酵母 3g、泡打粉 2g、
水 70g、牛奶 55g

內餡材料 廣式臘腸 3 根（斜切 3 段）、蠔油 1 湯匙

作法 PRACTICE

1 　將所有麵團材料混合成團，醒麵至兩倍大。

2 　將麵團以 45g 為單位切分後搓成細長條狀。

3 　將臘腸沾裹蠔油。

4 　把麵條捲在臘腸上。（見圖 4-1 ～ 4-3）

5 　接著進行第二次發酵約 20 分鐘。

6 　滾水上鍋蒸 10 分鐘再燜 2 分鐘。

7 　慢慢打開蓋子取出。

10 姥姥的豆沙發麵餅

| 麵團材料 | 中筋面粉 300g、溫水 28 度 200ml、酵母 3g、糖 5g、鹽 1g |
| 內餡材料 | 參考紅豆餡製作（可參考 P71） |

作法 PRACTICE

1　將麵團材料揉勻後待發酵成兩倍大。

2　發酵完後再次將麵團揉勻，並以 60g 為單位切分。

3　將小麵團桿成中間厚、邊緣薄的圓面皮。

4　包入 45g 的紅豆沙餡。

5　徒手將包入餡料的麵團壓成扁圓狀。

6　在面皮表面刷一點水，接著灑上黑芝麻後輕壓。

7　進行 15~20 分鐘的第二次發酵。

8　不沾鍋預熱後把餅胚放在鍋裡兩面烙金黃熟透即可。

11 黑芝麻核桃捲

麵團材料 請參考發酵麵團（可參考 P48 ～ P49）

內餡材料 黑芝麻粉 60g、糖 30g、奶油 30g、

核桃 50g（核桃 170 度烤 8 分鐘打碎）

作法
PRACTICE

1   將內餡材料混合。

2   把麵團桿成厚度 5mm 的長方形。

3   在麵皮上刷上一層薄薄的水。

4   把內餡灑在麵皮上。

5   將麵皮捲成長條狀。

6   分段切成喜歡的大小。（見圖 6-1 ～ 6-2）

7   放在蒸籠中發酵 20~30 分鐘。

8   滾水上鍋蒸 10 分鐘後再燜 3 分鐘。

9   慢慢打開蓋子取出。

12 廣式點心～
幼香黑芝麻核桃包

麵團材料 低筋麵粉 300g、糖 20g、酵母 3g、奶粉 10g、

水和牛奶各 75g、奶油 10g

內餡材料 請參考黑芝麻餡製作（可見 P75）

作法 PRACTICE

1　所有麵團材料混合成團後醒麵，直到麵團發酵呈兩倍大即可。

2　桿成長方形後對折再重複桿 3 次。（見圖 2-1 ～ 2-4）

3　從上往下捲成長條狀。

4　以 40g 為單位切分後將麵團揉圓、桿圓。（見圖 4-1 ～ 4-2）

5　包入 30g 的黑芝麻餡。（見圖 5-1 ～ 5-3）

6　滾水上鍋蒸 8~10 分鐘後燜 2 分鐘即可。

13

廣式點心～
鵝白奶黃包

麵團材料 低筋麵粉 250g、糖 35g、酵母 3g、泡打粉 2g、
水和牛奶各 75g、奶油 10g

內餡材料 請參考奶黃流沙餡製作（可見 P73）

作 法
PRACTICE

1　所有麵團材料混合成團後醒麵，直到麵團發酵呈兩倍大即可。

2　桿成長方形後對折再重複桿 3 次。

3　從上往下捲成長條狀。

4　以 40g 為單位切分後將麵團揉圓、桿圓。

5　包入 25g 的奶黃餡。

6　滾水上鍋蒸 8~10 分鐘後燜 2 分鐘即可。

雪掛金枝頌銀柳～
雪白冷水麵團

——廣式鮮蝦雲吞

靚雞湯做法

上海薺菜雲吞

川味龍抄手

紅油抄手醬汁

格格的鮮嫩四季豆餃子

格格的鮮綠茴香餃子

故宮翠玉小白菜

上海雪菜黃魚煨麵

自製雪菜

日式五彩野蔬涼麵

雀縷金絲卷

01　　廣式鮮蝦雲吞

麵團材料 中粉 150g、水 15g、蛋黃 3 顆、鹽少許、鹼粉 1g

內餡材料 * 鮮蝦仁 150g、韭黃一把、豬肉餡 150g、

肥肉 60g 切丁

鮮蝦仁處理

加入酒 10g、鹽、1g、胡椒粉適量，醃 10 分鐘

調　味　鹽適量、糖 8g、雞蛋半顆、蝦子粉 5g、薑泥 8g、
白胡椒粉少許、太白粉 6g、香油少許

作法
PRACTICE

1　將麵團材料混和成團。

2　將麵團桿成一張厚度 1mm 的圓片。

3　將圓片切成寬 10cm 的長條。

4　將長條堆疊在一起，再切成 10cm 大小的方片，即可完成雲吞皮。
　　（見圖 4-1 ～ 4-3）

5　將內餡材料順著同個方向攪拌均勻，最後放上韭黃、蝦仁，再淋
　　上香油。

6　取一張雲吞皮，放上肉餡和一個蝦仁。

7　先將其中一角往中心折。

8　再將對角也向中心折。

9　將麵皮四周往中間捏合即可完成。（見圖 9-1 ～ 9-3）

靚雞湯 ....

材料：

土雞 1 隻、扁魚干 1 個

作法：

1　先將土雞用鹽和花雕酒醃製 1 晚。

2　第二天將土雞、薑、蔥、扁魚乾放入鍋中，並加入水蓋過雞肉 10 公分。

3　煮 40 分鐘即可。

湯底配置 ....

取一湯碗放入雞湯、雲吞、青菜、韭黃，淋上香油即可享用！

02　　上海薺菜雲吞

麵團材料 ● 參考港式雲吞皮的材料（可參考 P146）

內餡材料 ● 薺菜 300g 川燙、豬肉餡 200g、薑碎 15g、
蔥花 20g

調　　味 ● 雞蛋 1 顆、油 15g、醬油 2 大湯匙、糖 10g、鹽
3g、白胡椒粉少許、香油

作法
PRACTICE

1　雲吞皮步驟可參考港式雲吞皮的作法。

2　將內餡和調味混合均勻。

3　取一張雲吞皮，放上肉餡。

4　將雲吞皮對折。（見圖4-1～4-2）

5　將最上方貼何處往下折。

6　將兩端向中間靠攏、捏合。（見圖6-1～6-2）

可搭配雞高湯、雲吞、榨菜絲、蔥花、香油享用！

03　　川味龍抄手

麵團材料 中粉 150g、水 45g、蛋白 1 顆、鹽少許

內餡材料 豬肉餡 150g、榨菜碎 20g

調　　味　鹽適量、糖 8g、雞蛋半顆、薑泥 8g、蔥花 15g、
白胡椒粉少許、香油少許

作法
PRACTICE

1　將所有麵團材料混合成團。

2　醒麵 20 分鐘後，再揉一次直到三光（麵光、手光、盆光）。

3　將麵團桿成一張厚度 1mm 的圓片。（見圖 3-1 ～ 3-2）

4　將麵皮切成一條條成寬 7.5cm 的長條。（見圖 4-1 ～ 4-2）

5　將長條麵皮堆疊在一起，切成 7.5cm 大小的方片即可。（見圖 5-1 ～ 5-2）

6　將內餡材料順同一個方向攪拌均勻。

7　取一張雲吞皮放上肉餡。

8　抹水後將麵皮的兩個對角折成一個三角形。

5-1

5-2

7

8

9　將另外兩個對角向中間黏合即可。（見圖 9-1 ～ 9-3）

10　將抄手滾水下鍋煮至漂浮到水面即可。

紅油抄手醬汁 ···

材料：

生抽 15g、香醋 5g、糖 4g、花椒粉少許、芝麻、紅油 20g、熱水
15g、蒜泥 3g、蔥花少許

作法：

將所有材料拌勻即可。

搭配醬汁即可享用！

04 格格的鮮嫩四季豆餃子

麵團材料 請參考冷水麵團製作（可參考 P51）

內餡材料 梅花 + 五花肉餡 300g、四季豆 300g 川燙、

香菇泡發 5 朵、薑泥 10g、蔥碎 25g

調　　味 雞蛋 1 顆、鹽適量、糖 8g、海鮮醬 10g、

醬油 50g、料酒 1 大湯匙、白胡椒粉、香油少許

作法 PRACTICE

1　將 300g 的麵團揉勻後搓條，以 10~12g 為單位切分。

2　將切分後的麵團桿圓。

3　包餡後將餃子皮捏合。（見圖 3-1 ～ 3-3）

4　將水煮沸後放入水餃，待水再次沸騰之後放入少許冷水。

5　將步驟 4 重複兩次即可。

05 格格的鮮綠茴香餃子

麵團材料 請參考冷水麵團製作（可參考 P51）

內餡材料 梅花 + 五花肉餡 300g、茴香 250g、薑泥 10g、蔥碎 30g

調 味 雞蛋 1 顆、鹽適量、糖 10g、醬油 40g、料酒 1 大湯匙、白胡椒粉、香油少許

作 法
PRACTICE

1　將 300g 的麵團揉勻後搓條，以 10~12g 為單位切分。

2　將切分後的麵團桿圓。

3　包餡後將餃子皮捏合。（見圖 3-1 ～ 3-3）

4　將水煮沸後放入水餃，待水再次沸騰之後放入少許冷水。

5　將步驟 4 重複兩次即可。

3-1

3-2

3-3

06 故宮翠玉小白菜

麵團材料 請參考冷水麵團 & 碧玉波斯麵團（可參考 P51&P63）

內餡材料 豬梅花餡 200g、雞腿肉一隻去骨剁碎、玉米粒 60g、

大白菜 600g 剁碎擰乾、薑泥 8g、蔥花 30g

調　味 雞蛋 1 顆、鹽適量、糖 15g、醬油 30g、

料酒 1 大湯匙、白胡椒粉、香油少許

作法 PRACTICE

1　取 150g 的白雪麵團和碧玉波斯麵團。

2　將碧玉波斯麵團揉勻後搓條，再桿成長方形薄片。

3　用長方形薄片的碧玉波斯麵團包住白色長條麵團，捲起來成為一體，綠色在外圈，白色在裡面呈圓柱形。（見圖 3-1 ～ 3-3）

4　以 10~12g 為單位分割成小麵團。（見圖 4-1 ～ 4-2）

5　將小麵團桿成圓片做成水餃皮。

6　用水餃皮將內餡包起來，先將中間黏合。（見圖 6-1 ～ 6-2）

7　再將兩側往中間集中，使中間較凸出。（見圖 7-1 ～ 7-2）

8　將水煮沸後放入水餃，待水再次沸騰之後放入少許冷水。

9　將步驟 8 重複兩次即可。

6-1

6-2

7-1

7-2

8

07　上海雪菜黃魚煨麵

麵團材料 請參考白雪冷水麵團（可見 P51）

醃魚調味 鹽 3g、糖 8g、白胡椒粉、太白粉 8g、香油少許

內餡材料 黃魚 1 條、金華火腿 2 片、蔥 2 根、薑 5 片、

* 雪菜 60g

自製雪菜 ··

材料：

蘿蔔葉 600g、粗鹽 18g

作法：

1　用鹽反覆搓揉蘿蔔葉直至葉片變軟。

2　將蘿蔔葉用重物壓 24 小時。

3　最後將蘿蔔葉放在密封袋後放入冰箱保存即可。

作法 PRACTICE

1　將雪白冷水麵團做成麵條。

2　熱鍋放一點油，下雪菜、糖 8g 炒乾即可

3　將黃魚洗乾淨後拿掉魚刺，只取背肉。

4　將魚背肉斜切厚片，放入醃魚調料抓醃 10 分鐘。

5　將魚頭和魚骨煎香。

6　倒入熱水和金華火腿熬煮成的白湯，最後放鹽調味過濾魚湯。

7　將麵條煮滾撈出，放在過濾好的魚湯裡。

8　放入魚片後再煮滾 2 分鐘。（見圖 8-1 ～ 8-2）

9　最後把先前炒好的雪菜放在湯麵裡即可。

08 日式五彩野蔬涼麵

麵團材料 請參考蕎麥麵團（可參考 P67）

內餡材料 番茄一顆、小黃瓜一條、雞胸肉 150g、蛋皮一片、
茄子一條、紫蘇兩片

蛋皮

作法：

1   將雞蛋 2 顆打散。

2   熱鍋後刷上一點油倒入蛋液，煎蛋皮後切絲。

鹽漬雞胸肉

作法：

1   先將雞胸肉用 3g 的鹽和 150g 的水醃漬 2 個小時

2   煮一鍋滾水放入雞胸肉熄火，待水溫自然冷卻即可撈出，最後
撕成條狀。

調　　味　日式昆布高湯 100ml、柴魚醬油 15g、

香菇醬油 15g、味霖、芽蔥少許（混合均勻）

作 法
PRACTICE

1　將蕎麥麵團手切或用壓面器壓成細麵後煮熟。

2　將煮熟的麵條放至冷水裡洗乾淨後撈出。

4　茄子切塊煎熟。

5　將所有食材擺放在一起，淋上醬汁即可。

09　雀縷金絲卷

雪白色麵團材料 ─ 中筋麵粉 200g、酵母 2g、白砂糖 20g、

牛奶 70g、水 40g、鹽 1g

南瓜麵團材料 ─ 中筋麵粉 300g、南瓜泥 150g、牛奶 50g、

糖 20g、鹽 1g、蔬菜油適量

作法 PRACTICE

1 　分別將白色麵團材料和南瓜麵團材料各自攪拌成團，揉搓至三光狀態。

2 　待兩個麵團發酵至兩倍大（所需時間會依溫度不同而有所改變）。

3 　將南瓜麵團桿成 0.8 公分厚的長方形。

4 　在南瓜麵皮上刷一層薄薄的蔬菜油。

5 　撒一點麵粉後，把南瓜麵片來回折疊起來呈長方形狀。

6　將麵皮切成細條。

7　將南瓜麵條用手拉長後發醒 20 分鐘。

8　將雪白麵團桿成約 1cm 厚的長方形。

9　將南瓜麵條放在雪白麵片上後捲起來。

10　將長條狀麵團以 15cm 為單位切割。

11　將小麵團進行第二次發酵，時間 20 分鐘。

12　水滾後上鍋蒸 8~10 分鐘後，關火悶 1 分鐘。

雪花香草似芬芳～
雪白溫水麵團
　　──格格的碧玉蔥油餅
　　　　格格的高麗菜豆腐盒

01　格格的碧玉蔥油餅

麵團材料 請參考溫水麵團，把冷水換成菠菜汁（可參考 P55）

內餡材料 板油碎 30g、蔥花 200g、胡椒粉少許、

鹽之花 3g、熱油 20g

作法 PRACTICE

1　先將蔥花 200g、鹽之花 3g、熱油 50g、胡椒粉少許混合。

2　取 300g 麵團分成 3 等分後揉勻，桿成長方薄片。

3　將先前準備好的蔥花和板油碎撒在麵皮上。

4　將麵皮捲成長條狀後往沾板上拍，拍出空氣。（見圖 4-1 ～ 4-2）

5　一邊扭轉一邊捲起來，再對折成一個扁平麵團後醒麵。（見圖
　　5-1 ～ 5-5）

6　將麵團桿成厚度 0.8cm。

7　在鍋裡刷一點油，放入麵胚將兩面煎至金黃香酥。

8　戴上手套拿起餅，輕輕敲餅的邊緣，使餅排氣後能變更鬆軟。

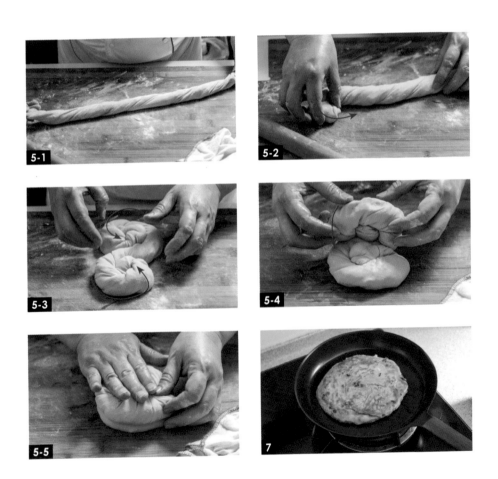

02 格格的高麗菜豆腐盒

麵團材料 請參考溫水麵團（可參考 P55）

內餡材料 高麗菜 600g 用鹽殺青攪乾、板豆腐一塊切丁煎香、

雞蛋 2 顆、開陽 10g、粉絲 1 把泡軟

調　　味 蔬菜油 20ml、鹽適量、糖 6g、胡椒粉少許、

香油 10g

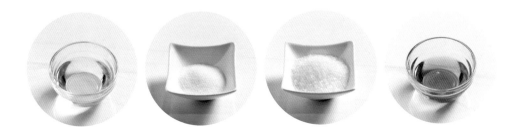

作法

PRACTICE

1 　將雞蛋打散炒熟後，加入其他內餡材料炒香。

2 　將麵團揉勻後搓條，以 60g 為單位切分成小麵團。

3 　將小麵團桿成圓片。

4 　放入餡料後包起來。

5 　將盒子的外圍向上捏。

6 　熱鍋不要放油，乾烙菜盒至兩面呈金黃。

* 將最外圍向上捏緊

雪白珊瑚聽細語～
雪白燙麵麵團

——香噴噴兒～烙春餅嘍
北平香蘭冰花鍋貼
冰花麵漿水
伊梨羊肉蒸餃

01 香噴噴兒～烙春餅嘍

麵團材料 中筋麵粉 300g、鹽 1g、熱水 165g、水 15g

作法
PRACTICE

1   將麵粉加入熱水後拌成粉片。（見圖 1-1 ～ 1-2）

2   加入冷水後揉成麵團，醒麵約 20 分鐘。

3   揉勻麵團後搓條後以 40g 為單位切分成小麵團。

4   將小麵團壓扁後刷一層薄薄的油。

5　在麵皮上灑一層麵粉。

6　取兩個麵皮貼合起來後再桿圓。（見圖 6-1 ～ 6-2）

7　將兩面烙熟後分開即可。（見圖 7-1 ～ 7-3）

02 　北平香蘭冰花鍋貼

麵團材料 中筋麵粉 300g、滾水 150g、冷水 20g、鹽 2g

內餡材料 後腿絞肉 300g、大白菜 500g 剁碎攊乾、

香菇 5 朵泡發切碎、韭黃 120g、薑碎 15g

調　味 雞蛋 1 顆、鹽適量、糖 10g、醬油 45g、

料酒 1 大湯匙、白胡椒粉、香油

冰花麵漿水 ···

材料：

太白粉 8g、麵粉 8g、水 180g、油 10g

作法
PRACTICE

1　將內餡材料混合，順著同一個方向攪拌均勻。

2　取 300g 麵團，揉勻後搓條，以 18g 為單位切分。

3　將小麵團桿圓成皮。

4　包入餡料，直接將麵皮捏緊即可。（見圖 4-1 ～ 4-4）

5　不沾鍋裡放油後倒入麵漿水。

6　將鍋貼排好放在鍋中，蓋上蓋子開中小火煎 10~12 分鐘。

7　煎至麵漿脆挺即可。

8　將盤子蓋在鍋上翻過來取出鍋貼。

03　伊梨羊肉蒸餃

麵團材料 中筋麵粉 300g、南瓜泥 120g、熱水 60g、

油 5g、鹽少許

內餡材料 羊肉餡 450g、薑碎 15g、蔥碎 30g、高麗菜 500g

剁碎攤乾、香菜 50g

調　　味　雞蛋 1 顆、鹽適量、糖 10g、醬油 60g、
料酒 1 大湯匙、白胡椒粉、香油

作★法
PRACTICE

1　將內餡材料混合，順著同一個方向攪拌均勻。

2　將麵團材料混合成團，醒麵約 20 分鐘。

3　將麵團揉勻後搓條，以 12~13g 為單位切分。

4　包入餡料，直接將麵皮捏緊即可。

5　滾水上鍋蒸 8 分鐘即可。

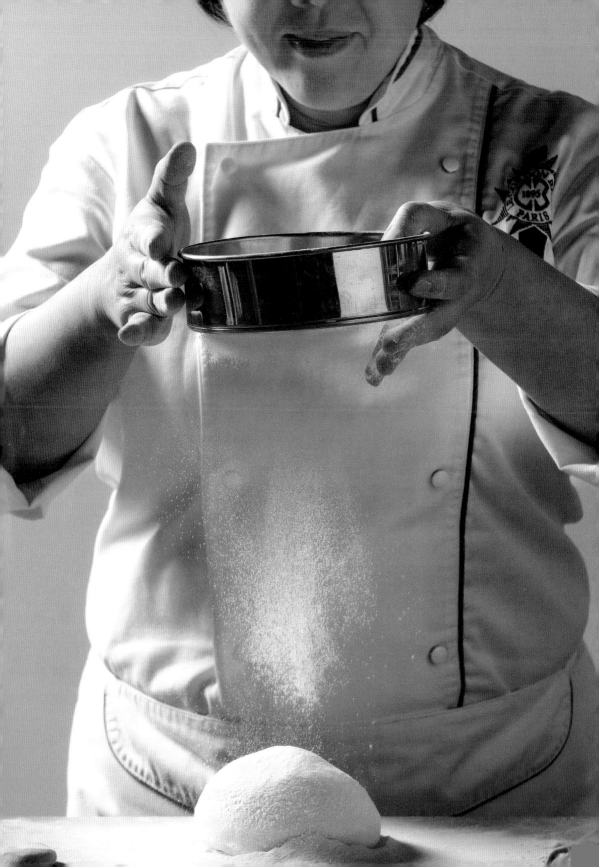

第一次就成功的麵食料理書！

新手就從這本開始，麵食教母靜格格手把手親自示範 50 道食譜，
照著做就能立刻上手，變化出多種美味麵食與甜點

作　　者—靜格格
攝　　影—鮭魚攝影（曾琳勖）
責任編輯—王苹儒
封面設計—比比司設計工作室
內頁版型—楊雅屏
內頁排版—菩薩蠻電腦科技有限公司
行銷企劃—吳孟蓉
副總編輯—呂增娣
總 編 輯—周湘琦

董 事 長—趙政岷
出 版 者—時報文化出版企業股份有限公司
　　　　　108019 台北市和平西路三段二四〇號七樓
　　　　　發行專線—（〇二）二三〇六六八四二
　　　　　讀者服務專線—〇八〇〇二三一七〇五
　　　　　　　　　　　（〇二）二三〇四七一〇三
　　　　　讀者服務傳真—（〇二）二三〇四六八五八
　　　　　郵撥—一九三四四七二四時報文化出版公司
　　　　　信箱—一〇八九九　台北華江橋郵局第九九信箱
時報悅讀網—http://www.readingtimes.com.tw
電子郵件信箱—books@readingtimes.com.tw
法律顧問—理律法律事務所 陳長文律師、李念祖律師
印　　刷—和楹印刷有限公司
初版一刷—二〇二二年七月八日
定　　價—新台幣四九〇元
缺頁或破損的書，請寄回更換

時報文化出版公司成立於一九七五年，
並於一九九九年股票上櫃公開發行，於二〇〇八年脫離中時集團非屬旺中，
以「尊重智慧與創意的文化事業」為信念。

第一次就成功的麵食料理書！：新手就從這本開始，麵
食教母靜格格手把手親自示範 50 道食譜，照著做就能
立刻上手，變化出多種美味麵食與甜點/靜格格著. -- 初
版. -- 台北市：時報文化出版企業股份有限公司, 2022.07
　面；　公分.
ISBN 978-626-335-595-8 (平裝)

1.CST: 麵食食譜

427.38　　　　　　　　　　　　　　111008964

Printed in Taiwan
ISBN：978-626-335-595-8

illustration by freepik ©
（P20、P34、P37、P41）

多功能3D旋風烤箱

OV-5303

5吋液晶大螢幕

各項功能一目瞭然

全彩中文顯示內建烹煮食譜

料理就像滑手機，內建50道自動烹煮時程，
美味料理輕鬆上桌

www.bestqce.com.tw | 免費服務電話 0800-026-628